恐龙大世界

穿越三叠纪
CHUANYUE SANDIEJI

KONGLONG DASHIJIE

闫小飒 主编

山东教育出版社

图书在版编目（CIP）数据

恐龙大世界. 穿越三叠纪 / 闫小飒主编. —济南：山东教育出版社，2015
　　ISBN 978-7-5328-9201-3

Ⅰ.①恐… Ⅱ.①闫… Ⅲ.①恐龙—少儿读物 Ⅳ.①Q915.864-49

中国版本图书馆CIP数据核字（2015）第269174号

责任编辑：顾思嘉　白汉坤
主　　管：山东出版传媒股份有限公司
出 版 者：山东教育出版社
　　　　　（济南市纬一路321号　邮编：250001）
电　　话：（0531）82092664　传真：（0531）82092625
网　　址：sjs.com.cn
发 行 者：山东教育出版社
印　　刷：肥城新华印刷有限公司
版　　次：2015年11月第1版　2016年6月第2次印刷
规　　格：889mm×1194mm　16开本
印　　张：5印张
书　　号：ISBN 978-7-5328-9201-3
定　　价：25.00元

（如印装质量有问题，请与印刷厂联系调换）
（电话：0538-3460929)

前言
QIANYAN

在远古动物中,最吸引人们的莫过于恐龙了,因为它们称霸了一个时代,如果没有6000多万年前的那场惊天的灾难,恐龙或许还会称霸到今天。当然,这只是一种幻想,因为生命的演化过程是不可控制的,新的生命代替旧的生命,这是一种必然。

恐龙虽然灭绝了,但并不影响人们对它们的好奇,因为它们的族群曾经是那样庞大,而且气势逼人,当时任何一种生物都不能与它们抗衡。另外,恐龙那庞大的身躯、多样的外形、奇特的习性也吸引着人们。

从前,人们并不知道恐龙的存在,后来,世界各地发现的化石勾起了人们探究这种远古生物奥秘的兴趣。经过古生物学家辛勤的研究,这种生活在亿万年前的生物的秘密终于呈现在了人们的面前。人们知道了恐龙的演化历程、种类、身体特征、生活习性、种群分布等信息。科学的力量令人惊叹,当我们兴趣盎然地阅读着关于恐龙的书籍时,怎能不为生物学家们的智慧与辛勤而感动。

想了解恐龙,要从哪里开始呢?当然是从它们的诞生开始了解啦!恐龙出现于三叠纪,我们就从这里开始了解它们吧!

目录 MULU

生命之始

最早的动物 ………… 2

寒武纪生命大爆发 ………… 4

三叶虫 ………… 6

早期鱼类 ………… 8

早期爬行动物 ………… 10

中　龙 ………… 12

异齿龙 ………… 14

杯鼻龙 ………… 16

恐龙时代

恐龙的进化 ………… 20

恐龙分类 ………… 22

恐龙蛋 ………… 24

恐龙的诞生、成长 ………… 26

恐龙的迁徙 ………… 28

植食性恐龙 ………… 30

肉食性恐龙 ………… 32

恐龙的防御 ………… 34

恐龙的寿命 …………36	板　龙 …………50
南十字龙 …………38	鼠　龙 …………52
埃雷拉龙 …………40	槽齿龙 …………54
始盗龙 …………42	**三叠纪恐龙的伙伴**
黑丘龙 …………44	海洋蛇颈龙 …………58
腔骨龙 …………46	翼　龙 …………60
里奥哈龙 …………48	蓓天翼龙 …………62
	杯椎鱼龙 …………64
	秀尼鱼龙 …………66
	真双齿翼龙 …………68
	撕蛙鳄 …………70
	三叠纪晚期大灾难 …………72

生命之始

从生命诞生到恐龙出现,经历了漫长的岁月。最早的生命诞生在海洋中,它们从简单的水生生物一步步演化,最后登上陆地,演化出各种各样的陆地动物。到三叠纪,最为庞大的动物种群——恐龙出现了。

最早的动物

ZUIZAO DE DONGWU

地球上出现的最早的动物是海绵,由于它长得很像植物,所以一度被认为是植物,后来一位叫爱勒斯的生物学家将海绵划归到了动物中。通过基因检测,科学家们认为,动物的祖先就是海绵。

外形

海绵有瓶状、管状和树状,颜色也很绚丽,它属于最原始的无脊椎动物,构造简单,没有心脏、头、脑、嘴等器官。海绵一般一端固着在岩石上,另一端游离,游离端有一个大孔,称为"出水孔"。

生活习性

海绵多数生活在海洋中,只有很少一部分存活在淡水中。在大洋深处的岩石、珊瑚礁甚至海底火山口附近,你能见到各种各样的海绵。海绵长有一根长长的、像鞭子一样的纤毛,这根纤毛不断挥舞,将海水吸进排出,海绵以吸进去的水中的细菌、微生物为食。

奇趣看台

海绵的内层细胞可以在它体内游走,还能变为其他种类的细胞。最奇特的是,内层细胞变为其他细胞后还能再变回来。

寒武纪生命大爆发

HANWUJI SHENGMING DABAOFA

5亿4000万年前到5亿3000万年前,地质学上称为寒武纪。在寒武纪,绝大多数无脊椎动物出现了,如节肢动物、软体动物、腕足动物和环节动物,而在寒武纪之前,地层中几乎找不到动物化石,这种现象被称为寒武纪生命大爆发。

艾迪卡拉动物群

艾迪卡拉动物群位于澳大利亚中南部,经过研究,生物学家认为它是前寒武纪动物化石群,是寒武纪生命大爆发的起源。艾迪卡拉动物群有许多外形奇特的动物,它们的身体巨大而扁平、多呈椭圆形、条形。

澄江生物群

1984年，中国古生物学家在我国云南澄江县发现了数量巨大的寒武纪生物化石，这里的化石保存十分完整，内容丰富，有包括水母状生物、三叶虫、节肢动物、海绵动物、环节动物等众多生物。

奇趣看台

中国的科学家们对"澄江生物群"的深入研究，探明了脊椎动物、真节肢、螯肢和甲壳等动物的起源。

SANYECHONG
三叶虫

三叶虫出现在距今 5.6 亿年前，5 亿~4.3 亿年前发展到了高峰，2.4 亿年前，完全灭绝。三叶虫外形为卵形或椭圆形，长 3~10 厘米，它的背部是一层坚硬的外壳，身体分为头甲、胸甲和尾甲三部分。

身体器官

三叶虫有眼睛，它的眼睛是复眼，由方解石组成。三叶虫还可能有用作味觉和嗅觉器官的触角，它的触须可达 20~30 厘米长。

生活习性

三叶虫大多生活在浅海，它们以爬行或半游泳状生活，也有一些三叶虫在远洋漂浮生活。三叶虫以海绵动物、腔肠动物、腕足动物的尸体或海藻为食。

恐龙大世界 穿越三叠纪

卷曲功能

奥陶纪的某些三叶虫还发展了卷曲的能力，它们的头部和尾部可以完全紧接在一起，仅将背部的硬壳暴露在外；它们还可以钻进淤泥以保护其柔软的腹部器官。

奇趣看台

化石资料显示，一些三叶虫在后来进化出了非常巧妙的脊椎结构，这种结构可能是为了应对鱼类的出现。

▲ 三叶虫化石

早期鱼类
ZAOQI YULEI

鱼类是最古老的脊椎动物,距今4亿年左右,最初的鱼类出现了。4亿~3.6亿年前,鱼类达到了繁盛,后来的许多鱼类在那时已经出现。到新生代,鱼类成为脊椎动物中最大的类群。

种类

古代鱼类可分为四大类:无颌类、盾皮类、软骨鱼类、硬骨鱼类等。无颌鱼类被认为是最早的脊椎动物,它们的身体被坚硬的甲壳包裹着;盾皮鱼类是最早的有颌类,它们在泥盆纪末期灭绝;软骨鱼被认为是最原始的鱼类;最早的硬骨鱼类是古鳕类。

▶ 邓氏鱼

恐龙大世界 穿越三叠纪

文昌鱼

　　文昌鱼是一种小型鱼类，它十分古老，是无脊椎动物到脊椎动物之间的过渡类型。文昌鱼的摄食、排泄等机能都像无脊椎动物，但它的血管、呼吸系统、神经系统等都具有脊椎动物的特点。

名词解释

　　泥盆纪是晚古生代的第一个纪，时间在4亿~3.6亿年前。这一时期，地球面貌发生巨变，动物方面昆虫和两栖类兴起了。

早期爬行动物

ZAOQI PAXING DONGWU

爬行动物最早出现在约 3.2 亿年前,它们是地球上规模庞大的一类动物,爬行动物的伟大进步是,它们的后代包裹在一个壳里。蛋壳使发育中的小生命不至于干死,也保护它免遭捕猎动物的侵害。

名词解释

扁肯氏兽是生活在二叠纪和三叠纪的爬行动物,它身体最长能达到 3 米,重量超过 1000 千克。

林蜥

林蜥是已知最古老的爬行动物,身长约 20~30 厘米,头骨后部扁平,上下颌很长,其化石发现于加拿大的新斯科细亚省。

恐龙大世界 穿越三叠纪

原水蝎螈

原水蝎螈生活在 3.26 亿~3.18 亿年前，体约长 2.5 米，与其他史前的两栖类及爬行形类有相似的体型，非常适合生活在沼泽环境。

锯齿龙

锯齿龙类是生活在二叠纪的一种大型四足爬行动物，它身长约 2.5 米，拥有大象般的腿，以半直立姿势行走。锯齿龙的头骨上有数根尖状物与瘤状突起，它的牙齿呈叶状，这些牙齿适合咬碎坚硬的植物。

ZHONGLONG
中　龙

中龙是生活在石炭纪的水下爬行动物，它们主要生活在溪流和水潭中。中龙的身体细长、肩部和腰部骨骼较小，长有脚，它身后有一条长而灵活的尾巴，辅助游泳。中龙的嘴很长，里面长满了锋利的牙齿。

返回水域

中龙是最早返回水域的爬行动物，它们的身体呈流线型，长有长长的尾巴，尾巴上有鳍状物。中龙的后腿较长，它的脚上长有蹼状物，这些使它在水中能更快地前进。由于肋骨粗厚，中龙不能转弯，这与现代海象相似。

大陆漂移证据

中龙的化石发现于南非和巴西,而中龙生活在淡水中,它不可能横渡辽阔的海洋,因此证明非洲大陆和美洲大陆曾经是连在一起的,后来才分开。

奇趣看台

中龙的牙齿很细,难以抓到猎物,它们被认为是用牙齿从水中过滤浮游生物维生。

▲ 中龙

异齿龙

YICHILONG

异齿龙是生活在二叠纪的肉食动物，属于盘龙目，外形像蜥蜴，但与哺乳类关系较近，与恐龙等爬行动物关系较远。化石证据表明，异齿龙生活在二叠纪时期的北美与欧洲地区，当时那里气候干旱，这证明异齿龙适应能力很强。

外形

异齿龙身躯庞大，身长能达到3.5米，它四肢强健，长有长长的尾巴，它的背部有高大的背帆，可能用来调节体温。异齿龙的牙齿有两种不同类型，切割用的牙齿与锐利的犬齿，这也是它得名的原因。

▼异齿龙

恐龙大世界 穿越三叠纪

生活习性

异齿龙生存能力很强，它们生活在干旱地区，为了寻找食物，能走遍非洲南部整个半沙漠地区。异齿龙进食时通常四肢着地，以地表或灌木丛中的植物为食。

奇趣看台

异齿龙背上的帆状物是它调节体温的重要工具。有了背帆，一只200千克的异齿龙体温从26℃提升到32℃只要80多分钟。

BEIBILONG
杯鼻龙

杯鼻龙生存于二叠纪早期到中期的北美洲南部,是那个时代最大的四足动物。杯鼻龙不属于恐龙,而是"似哺乳爬行动物",属于盘龙类,是介于爬行动物和哺乳动物之间的种类。不过,后期的杯鼻龙已经与哺乳动物相差无几了。

外形

杯鼻龙的体型巨大,但头部小,身体呈大水桶状,它们身长6米左右,重达数千千克。杯鼻龙四肢粗壮,脚掌扁平,具有大型趾爪,它们可能利用趾爪挖掘植物,或挖掘栖息用的洞穴。

恐龙大世界 穿越三叠纪

鼻子与牙齿

杯鼻龙的头骨具有大型鼻孔，可能用于促进呼吸，它们还可能拥有某种感应或保存湿气的器官。杯鼻龙头骨的外表有着深的凹槽与裂缝，微小的牙齿与鬣蜥的牙齿类似，后段的牙齿有垂直的齿尖。

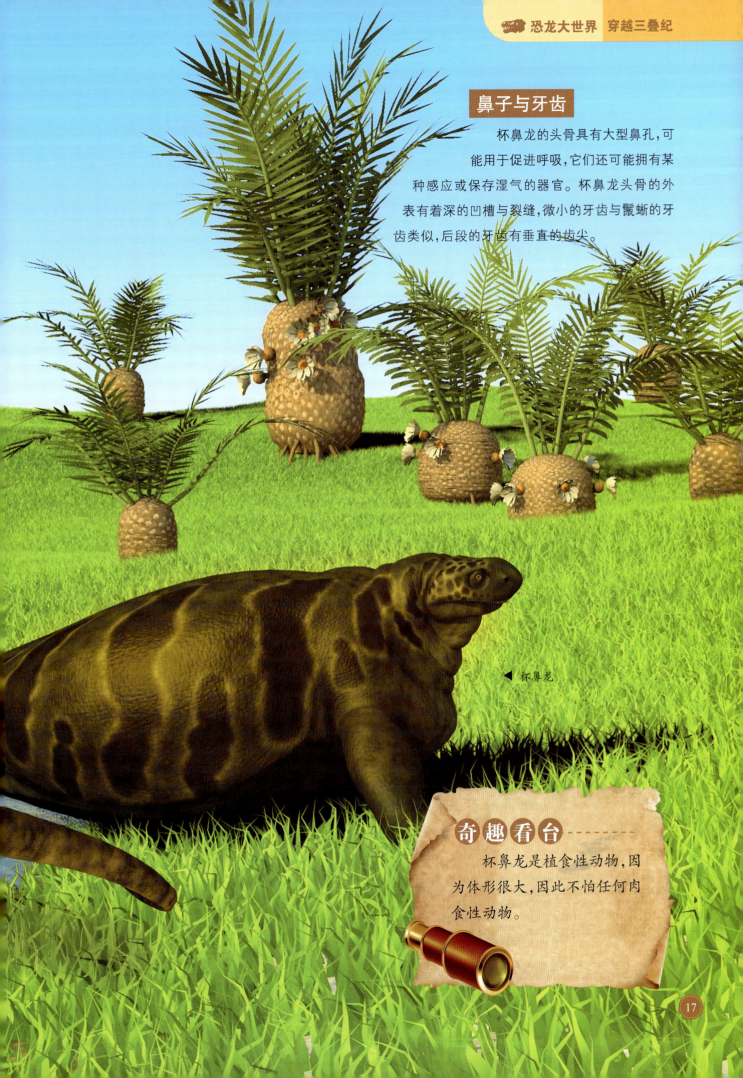

◀ 杯鼻龙

奇趣看台

杯鼻龙是植食性动物，因为体形很大，因此不怕任何肉食性动物。

恐龙时代

三叠纪时期,恐龙时代已经来临。虽然早期恐龙的种类和数量还很有限,但已经显现出了一些恐龙的典型特征。恐龙生活的地域极为广阔,现在几乎在每个大洲都能发现恐龙的化石。

恐龙的进化

KONGLONG DE JINHUA

恐龙从诞生以来，就一直在不断地进化，以适应自然环境的各种变化。科学家研究发现，全部恐龙的类群，在进化上都伴有体形增大的趋势。整个中生代的恐龙进化是一个相互竞争、相互依存、优胜劣汰的过程。

初龙

初龙与恐龙有比较可靠的亲缘关系，它外形与鳄鱼相似：身上长有鳞甲，身后拖着一条粗大有力的尾巴，头骨上有坑洼。另外，初龙与鳄鱼一样，大多数时间都是生活在水中的。

派克鳄

恐龙的直系祖先是派克鳄及其亲族，派克鳄是一种小型初龙，体长60~100厘米，它长有长长的尾巴，前肢比后肢短。正常情况下派克鳄用四条腿行走，偶尔会用两条后腿奔跑。

恐龙大世界 | 穿越三叠纪

奇趣看台

最早的恐龙是一种小型的两足掠食者,在阿根廷的三叠纪地层中发现的类似恐龙的鸟颈类初龙有力地证明了这一点。

KONGLONG FENLEI
恐龙分类

恐龙族群庞大，天空、海洋、陆地都有它们的身影，如此庞大的家族当然会有许多类别。恐龙按臀部结构不同，分为两大类：蜥臀目和鸟臀目。按食性划分，恐龙又可分为植食类、肉食类和杂食类恐龙。

蜥臀目

蜥臀目恐龙的骨盆结构与蜥蜴类似，包括兽脚类、原蜥脚类和蜥脚类等几大类恐龙，这些种类的恐龙个体差别很大，生活习性各异。有的只有鸡一般大小，有的长达三四十米，高十多米，重几万到十几万千克。食性上，有凶猛的肉食者，也有温和的植食者，还有肉和植物兼食的杂食者。

鸟臀目

鸟臀目恐龙的骨盆结构与鸟类相似,它们是植食性恐龙,性情温和,大多四足行走。由于常常成为肉食恐龙攻击的对象,因此鸟臀目恐龙逐渐发育出多种防御结构,如各种爪子、角、甲胄等。

奇趣看台

鸟臀目恐龙的嘴部呈现与鸟嘴相似的形状,可以撕裂植物。一般认为鸟类是蜥臀目的后代。

恐龙蛋
KONGLONGDAN

恐龙与所有爬行动物一样,以卵繁殖后代,它们的卵就是恐龙蛋。由于恐龙蛋多以化石形式保存了下来,所以我们今天能见到恐龙这种远古动物的卵。古生物学家通过研究恐龙蛋化石得到了很多恐龙的信息。

奇趣看台

恐龙蛋与恐龙体形比起来显得很小,如果恐龙蛋的大小和恐龙体形成正比的话,厚厚的蛋壳将会使小恐龙无法孵化。

恐龙大世界 穿越三叠纪

产蛋

恐龙产蛋习性与乌龟有些相似，它们在沙滩上筑窝，产完蛋后，用沙子将蛋埋起来，借助太阳的热量孵化。由于恐龙蛋化石埋藏比较集中，且在古湖盆边缘，因此推测恐龙有聚集产蛋的习性。

外形

化石显示恐龙蛋的外形有圆形、椭圆形、橄榄形等多种形状，蛋壳有的光滑，有的具有装饰纹。恐龙蛋上气孔的疏密和大小也不一样，这是受气候影响形成的。

恐龙的诞生、成长

KONGLONG DE DANSHENG CHENGZHANG

恐龙诞生后,影响它们成长的因素主要是遗传和食物。不同种类的恐龙生长速度是不一样的,这取决于它们的遗传特点。然而食物的作用也很大,如果没有充足的食物,恐龙的成长速度就会受影响。

蛋的生长

恐龙胚胎在恐龙蛋中透过羊膜和蛋壳表面的气孔吸入氧气,排出二氧化碳,以恐龙蛋中的卵黄(就像是鸡蛋黄一样的物质)为养料成长。

孵化

恐龙蛋一般3个月就能孵化，在这之前，恐龙妈妈也要准备充足的食物，还要保护这些蛋，以免被其他动物吃掉。3个月后，小恐龙几乎同时被孵化出来。

奇趣看台

根据化石证据，古生物学家认为恐龙会办"托儿所"，小恐龙会被集中起来照顾。

外貌的变化

很多恐龙刚出生的样子和成年恐龙有很大的差距，年幼的霸王龙就像是一只体形庞大的鸡，甚至有人认为它们刚孵化出来的时候浑身布满绒毛。

恐龙的迁徙
KONGLONG DE QIANXI

迁徙是地球上许多动物的共同行为。有些动物因为季节的改变而迁徙,有的是为了繁衍后代而迁徙。科学家经研究证明,生活在几亿年前的恐龙像很多今天的动物一样,也会随着季节的交替或者生存、繁衍的需要而进行迁徙。

迁往高地

科学家通过分析蜥脚类恐龙的牙齿化石,发现这种恐龙很可能会进行季节性迁徙。它们经常到谷地肥沃的冲积平原中觅食,但当谷地遭受干旱时,它们就迁徙到高地。

恐龙大世界 穿越三叠纪

繁殖迁徙

在美国蒙大拿，科学家发现了大量的恐龙巢穴，像是恐龙的孵化基地。科学家估计，恐龙会在雨水充足之时聚集在这里产卵，但是到了旱季它们会重新集结起来，向其他地方迁徙。

雷龙的迁徙

雷龙也叫迷惑龙，属于植食性恐龙，它食量巨大，一群雷龙出现，几天就能把一个森林消灭掉，因此它们只有不断迁徙。

奇趣看台

人们曾经在加拿大艾伯塔省的红鹿河河谷发现过数百具尖角龙化石。这批尖角龙可能是在渡河时集体死亡的。

植食性恐龙

ZHISHIXING KONGLONG

植食性恐龙包括了体形最大的蜥脚类恐龙以及所有的鸟臀类恐龙,这些恐龙许多都非常巨大。恐龙生活的时代,地球上气候温暖湿润,遍地都是茂密的森林,以植物为生的恐龙很容易得到自己的食物,因此这些恐龙的体形变得无比庞大。

身体特点

植食性恐龙的脑袋小,身形庞大,牙齿呈勺状、棒状,或者叶片状,有的还有防御性的结构,但都不具有进攻性的武器,并且大多数植食性恐龙具有长长的颈部,方便它们取食树梢的叶片。

不停地进食

科学家认为植食性恐龙除了睡觉外几乎一直在进食,一些科学家甚至认为植食性恐龙像牛一样可以储存食物,一段时间后反刍。科学家推测,马门溪龙一天要用近20小时的时间来进食。

名词解释

反刍是指进食一段时间以后将半消化的食物返回嘴里再次咀嚼。

肉食性恐龙

ROUSHIXING KONGLONG

通常,那些令人闻风丧胆的恐龙都是肉食性恐龙,如霸王龙、腔骨龙、恐爪龙、食肉牛龙等。蜥臀目恐龙中的兽脚类恐龙是肉食性恐龙,肉食恐龙曾经称霸中生代,从昆虫、哺乳动物到同类都是它们的食物。

身体特点

肉食性恐龙两足行走,善于奔跑,一般长有锐利的爪子。肉食恐龙的头部占身体的比例较大,这有助于它们撕咬猎物。它们长有巨大、弯曲的利齿,看起来就像牛排刀边缘的锯齿一样。

奇趣看台

20世纪90年代，古生物学家在土库曼斯坦和乌兹别克斯坦边境上发现了迄今为止所发现的世界上最长的肉食恐龙足迹化石。

虚骨龙

虚骨龙也是一种肉食性恐龙，它们体态轻盈、行动敏捷，前臂和前爪善于抓取，又长又窄的颚骨便于取得食物。虚骨龙的奔跑速度很快，它们追捕小型哺乳动物和昆虫，以此为食。此外，虚骨龙还会捡拾大型肉食性恐龙吃剩的食物残渣。

KONGLONG DE FANGYU
恐龙的防御

在恐龙的世界，素食恐龙要防备肉食恐龙的攻击，小型肉食恐龙要抵御大型肉食恐龙的攻击，即使是实力不相上下的肉食恐龙，也要防备同类的伤害，因此，防御对所有恐龙来说都很重要。那么恐龙分别是如何防御的呢？

防御"武器"

一些恐龙厚厚的皮肤、突出的骨刺、头顶的角、背上的骨板、粗壮的尾巴等都是它们的防御武器。棘龙、剑龙、甲龙等都是防御的高手，许多素食恐龙身躯庞大，这也是为了防御。

恐龙大世界 穿越三叠纪

巨大的身体

蜥脚类恐龙身躯庞大,重达数十万千克,它们可以用发达有力的四肢猛踢侵犯者,还可以用它们的鞭状尾、锥状尾反击对方。许多肉食恐龙看到蜥脚类恐龙庞大的身躯都会望而却步。

逃跑

一些小型的恐龙有着强有力的双腿,奔跑的速度很快。当被肉食恐龙追捕时,它们就迅速地奔跑,以逃离成为肉食恐龙食物的厄运。

奇趣看台

恐龙在防御时很注意保护小恐龙,它们常常将小恐龙放在队伍的中间。

恐龙的寿命

KONGLONG DE SHOUMING

在目前的动物中,爬行动物的寿命较长,其中龟的寿命可达200岁以上,鸟类的寿命也很长,据此推断恐龙的寿命应该也较长。一些科学家在研究了恐龙骨骼的生长环境后发现,这些恐龙死亡时的年龄为120岁。

寿命不均

恐龙的寿命和它所属的种类有关,有的恐龙能活75岁,而有些种类的恐龙能活300年。植食性恐龙可能比肉食恐龙寿命长,大型恐龙可能比小型恐龙寿命长,庞大的梁龙、雷龙大概能活到200岁以上。

冷血恐龙更长寿

冷血的恐龙有着更长的寿命，这是因为当气温变冷的时候，它们的新陈代谢速度就会变得很慢，因此寿命也变长。据估计，这些恐龙的寿命有上百年。

奇趣看台

许多恐龙的化石表明它们是遭受灾难而死的，因此研究这些化石很难得到恐龙的真实年龄。

霸王龙的寿命

科学家研究发现，幼小的霸王龙死亡率很高，大约70%的霸王龙会活到13～16岁的性成熟期。而霸王龙的寿命很短，只有30来岁。

NANSHIZILONG
南十字龙

南十字龙是一种早期恐龙,生活在三叠纪晚期,侏罗纪和白垩纪相当一部分肉食恐龙都是由它进化而来。南十字龙的化石在南美洲的巴西被发现,由于当时南半球发现的恐龙化石很少,因此便以南半球才能看见的南十字星座为其命名。

类别之争

虽然南十字龙的牙齿和体态显示它是一个肉食类的恐龙,但是有些研究人员认为它是属于蜥脚下目类的恐龙,因为南十字龙的骨骸类似原蜥脚下目。南十字龙可能是蜥臀目的祖先到兽脚亚目和蜥脚亚目的过渡种类。

原始特征

化石显示,南十字龙有五根手指与五根脚趾,这是一个非常原始的恐龙特征。另外,南十字龙只有两个脊椎骨连接骨盆与脊柱,这也是一个明显的原始排列方式。南十字龙的尾巴细而短,与晚期恐龙的尾巴差别较大。

恐龙大世界　穿越三叠纪

恐龙小词典

生存年代：约 2.25 亿年前
身　　长：约 2 米
体　　重：30 千克左右
食　　性：肉食性

埃雷拉龙
AILEILALONG

埃雷拉龙生活在三叠纪中晚期,是一种肉食恐龙,它们有锐利的牙齿、巨大的爪和强有力的后肢,以其他小型爬行动物为食。埃雷拉龙的第一块骨骼化石是阿根廷一位叫埃雷拉的农民无意中发现的,为了纪念他,这种恐龙就被命名为"埃雷拉龙"。

外形

埃雷拉龙的骨骼细而轻巧,这使它成为敏捷的猎手。埃雷拉龙的头骨长而低平,它的头部从头顶向口鼻部逐渐变细,鼻孔非常小。

可怕的杀手

埃雷拉龙牙齿锐利，呈锯齿状，它能牢牢地咬住挣扎的猎物不松口，一般的小猎物都逃不过它们的袭击。

生活环境

埃雷拉龙一般生活在高地，它们在植物茂密的河岸边游走，伏击或寻找食物。埃雷拉龙的后肢很长，能够直立，上肢有爪，可以紧抓猎物。

恐龙小词典

生存年代：约2.3亿年前
身　　长：约5米
体　　重：180千克左右
食　　性：肉食性

SHIDAOLONG
始盗龙

始盗龙是最早的一种恐龙，生活于 2.30 亿～2.25 亿年前的阿根廷西北部。它身体轻巧，拥有很强的奔跑能力，所以人们将它和盗贼联系了起来，又因为它被认为是恐龙的始祖，因此称它为始盗龙。

发现始盗龙

1991 年，始盗龙化石发现于阿根廷著名的"月谷"，在那里，古生物学家发现了许多珍贵的恐龙化石，其中，始盗龙的骨骼化石最为久远。1993 年，芝加哥大学的古生物学家保罗·塞里诺为始盗龙命名。

恐龙小词典
生存年代：约 2.2 亿年前
身　　长：约 1.2 米
体　　重：10 千克左右
食　　性：杂食性

身体特征

始盗龙的体形较小，它的前肢只有后肢长度的一半，所以它靠后肢活动。它的每只爪子都有五指，其中最长的三根前指都有尖爪，十分尖利，用来捕捉猎物。

食性

始盗龙前面的牙齿是树叶状,与其他的植食性恐龙相似;它上下颌后面的牙齿却像带槽的牛排刀一样,与其他的肉食恐龙相似。这表明始盗龙很可能是既吃植物又吃肉的杂食动物。

黑丘龙

HEIQIULONG

黑丘龙又名美兰龙,是一种生存于三叠纪晚期的南非地区的植食性恐龙。黑丘龙身体强壮,拥有巨大的身体和壮硕的四肢,是三叠纪晚期比较大的恐龙,庞大的身躯有助于它们抵御肉食恐龙的袭击。

珍贵化石

长期以来人们都没有发现黑丘龙的颅骨化石,因而无法确定黑丘龙的头部特征。直到2007年,人们才发现了一个完整的黑丘龙头颅骨,一下子揭开了关于黑丘龙的许多谜团。

分类

黑丘龙过去被归于原蜥脚下目,现在则被划归到蜥脚下目,而且它是已知最早的蜥脚下目恐龙之一。

恐龙小词典

别　　名:梅兰龙、美兰龙
生存年代:三叠纪晚期
身　　长:10~12 米
食　　性:植食性

外形

黑丘龙头部较小,四肢粗壮,尾部较长,它的脊椎中空,这样能减轻重量。

QIANGGULONG
腔骨龙

腔骨龙又名虚形龙,是在北美洲发现的小型肉食恐龙,它的名字来源于它中空的骨头。腔骨龙的头部有大型洞孔,可以减轻头部的重量。由于身体轻巧,因此腔骨龙奔跑速度很快,能快速追赶上猎物。

身体结构

腔骨龙的身体结构与兽脚亚目恐龙基本一致,它的脖子为S形,每只前肢上都长有四指,其中只有三指是有功能的。后肢脚掌有三趾,后趾一般不接触地面。

恐龙大世界 穿越三叠纪

恐龙小词典

别　　名：虚形龙
身　　长：2~3米
臀　　高：约1米
化石来源：北美洲

尾巴的作用

腔骨龙的长尾巴有不寻常的结构，其脊椎的前关节突互相交错，形成半僵直的结构，似乎可制止它的尾巴上下摆动。当腔骨龙快速移动时，尾巴就成为了舵或平衡器。

食性

腔骨龙的牙齿是标准的猎食性恐龙的牙齿，像剑一样并向后弯，牙齿的前后缘有着小型的锯齿边缘。它们可能以小型、类似蜥蜴的动物为食，可能以小群体方式集体猎食。

LIAOHALONG
里奥哈龙

里奥哈龙以它的化石发现地——阿根廷里奥哈省命名,它是一种巨大的古脚类恐龙。里奥哈龙拥有庞大的身躯,长颈部与长尾巴,它的前后肢长度相同,这显示它可能四足行走。

特殊之处

里奥哈龙的脊椎骨中空,这能减轻它自身的重量。大部分原蜥脚类恐龙的荐椎只有3节,而里奥哈龙的荐椎有4节。

素食恐龙

里奥哈龙属于素食恐龙,它上颌的前方有5颗牙齿,后方有24颗牙齿。它的牙齿呈叶状、有锯齿边缘。

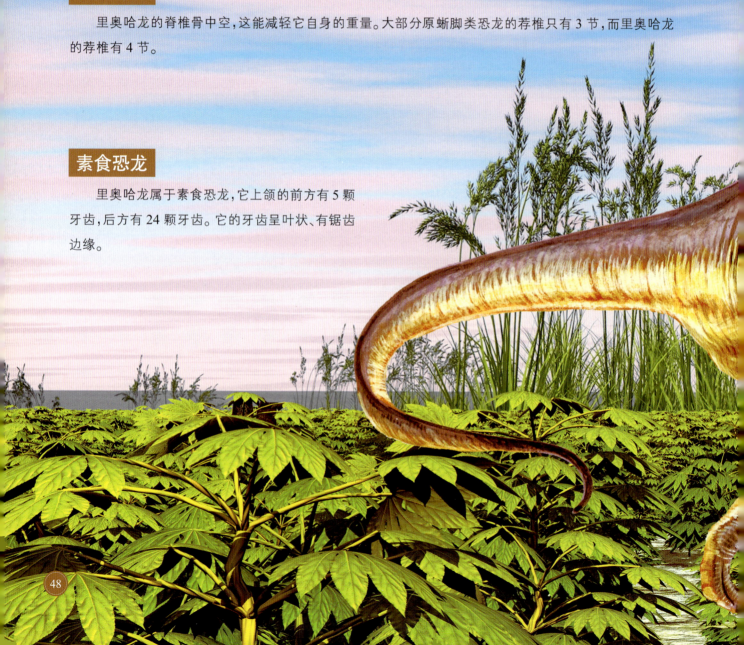

恐龙大世界　穿越三叠纪

恐龙小词典

生存年代：三叠纪晚期

身　　长：约 10 米

食　　性：植食性

化石来源：南美洲

类别

许多科学家认为里奥哈龙是黑丘龙的近亲（黑丘龙是三叠纪到侏罗纪早期的最大型古脚类恐龙），但英国布里斯托大学的研究认为里奥哈龙的颈部骨头较长，这与其他古脚类恐龙不同。

BANLONG
板 龙

板龙是生活在晚三叠纪的古老恐龙,它身躯庞大,被认为是生活在地球上的第一种巨型恐龙。在板龙出现以前,地球上最大的食草类动物就像猪一样大,而板龙的身体已经像一辆公共汽车那样长了。

身体特征

板龙头部细小,口中长有牙齿,颈部和尾部很长。它前肢短小,后肢粗壮,前肢顶端有5个指头,拇指上有大爪,爪能自由活动。板龙能用利爪赶走敌人,也能抓取食物。笨拙而庞大的板龙很可能要用四肢行走。

进食

板龙有时候用四肢爬行并寻觅地上的植物,但当需要时,它可以靠两只强壮的后腿直立起来,寻找其他可觅食的地方。板龙能够到最高的树木的树梢,它的牙齿和上下颌的结构都不大适合于咀嚼,因此,板龙会吞下各种石头,让它们在胃中碾磨食物,帮助消化。

恐龙小词典

生存年代:2.08 亿年前
体　　长:6~8 米
身　　高:3.6 米
体　　重:5000 千克

SHULONG
鼠 龙

鼠龙是一种十分小巧的恐龙，1979年，人们发现了五六具鼠龙幼龙化石，它们像猫一样大，因此这种恐龙被命名为鼠龙。不过，后来科学家发现成年鼠龙可能能长到2~3米。

外形

鼠龙幼龙化石显示，它们有较大的脑袋、大大的眼睛和圆圆的鼻子。不过成年鼠龙眼睛和脑袋变小，鼻子狭长。鼠龙的脖子和尾巴很长，后肢比前肢粗，除了能用四肢行走外，它还能用粗壮的后肢站起来。

生存环境

鼠龙生活的时代，主要的草食性脊椎动物有原龙脚类和鸟盘目恐龙，以及类似哺乳类的小型爬行类。

食物

鼠龙属于植食性恐龙，主要以木贼、银杏树等为食。像许多其他植食性恐龙一样，它们常会吞食一些石头，以磨碎食物帮助消化。

恐龙小词典

- 生存年代：三叠纪晚期
- 身　　长：2~3米
- 食　　性：植食性
- 化石来源：阿根廷

CAOCHILONG
槽齿龙

槽齿龙生活在三叠纪晚期，它的化石在非洲和欧洲都有发现。槽齿龙是一种瘦长的动物，长着小脑袋、长脖子和长尾巴，它大部分时间可能四肢着地，吃长在低处的植物，有时也用后腿站立起来，去吃长在高处的树叶。

外形

槽齿龙是二足恐龙，拥有小型头部、长颈部、修长的后肢以及长长的尾巴。它的前肢比后肢短，前掌有五个手指，后掌有五个脚趾，指端长有大型尖爪。

恐龙小词典

身　　长：约1.2米
身　　高：约30厘米
体　　重：30千克左右
食　　性：植食性

牙齿

槽齿龙是草食性恐龙，牙齿呈叶状，有锯齿状边缘，且位于齿槽内，这也是槽齿龙的名称来源。槽齿龙的齿骨长度不到下颌长度的一半，下颌前端稍微往下弯，与近蜥龙相比，槽齿龙有较多的牙齿。

三叠纪恐龙的伙伴

三叠纪时期,除了早期恐龙,在陆地、海洋和天空中还生活着其他动物。海洋中的蛇颈龙、鱼龙;天空中的翼龙;陆地上的喙头蜥、撕蛙鳄等都是恐龙的伙伴,它们一起组成了神秘而令人生畏的三叠纪动物群。

海洋蛇颈龙
HAIYANGSHEJINGLONG

蛇颈龙是中生代一种生活在水中的爬行动物，它们从三叠纪晚期出现，到侏罗纪时期已经遍布世界各地，最后在白垩纪末期灭绝。它们因为体形较大且有长长的脖子而得名。

奇趣看台

蛇颈龙直接生出幼仔，不像多数爬行动物那样产卵然后孵育后代，这种生育方式被称为卵胎生。

身体特征

蛇颈龙的外形活像一条蛇穿过一个乌龟壳:小小的头,长长的颈,乌龟样的躯干,短短的尾巴。虽然它的头偏小,但口却很大,口内长有很多细长的锥形牙齿,它们的四肢已经退化为适合划水的肉质鳍脚。

生活习性

蛇颈龙的鳍脚就好像四支很大的桨,这使得蛇颈龙既能在水中往来自如、转动灵活,又能爬上岸来休息或产卵繁殖后代。另外,蛇颈龙的长颈还能伸缩自如,可以攫取距离相当远的食物。

YILONG
翼龙

翼龙是第一种飞行的脊椎动物，它的翼是从身体侧面的皮肤膜衍生出来的。早期的翼龙嘴里布满牙齿，长有长尾巴，较晚的翼龙尾巴大幅度缩短，牙齿也减少很多。翼龙的体形差距很大，小的像鸟类一样大，大的则是地球上最大的飞行物。

聪明的翼龙

翼龙的小脑叶片相当发达，其质量占脑质量的 7.5%，是目前已知的脊椎动物中比例最高的。与之相比，擅长飞行的鸟类的小脑叶片也只占其脑质量的 1% 到 2%，这证明翼龙是相当聪明的。

风神翼龙

最大的翼龙是风神翼龙（又名羽蛇神翼龙），它展开双翼有 11~15 米长，相当于一架飞机大小。最小的树栖翼龙化石——隐居森林翼龙，翼展开仅 25 厘米，接近一只燕子的大小。

恐龙大世界 穿越三叠纪

奇趣看台

翼龙以卵生的方式繁殖后代,它们把卵产在湖泊或者海滩的沙地上,也许还会孵卵,照顾幼仔。

蓓天翼龙
BEITIANYILONG

蓓天翼龙是生活在三叠纪晚期的小型杂食性动物,属于会飞的爬虫类,生活在河谷、沼泽中,以昆虫维生,特别偏爱吃蜻蜓。它是最早能真正振翅的翼龙,翼幅可达 60 厘米,重可达 100 克。

外形

蓓天翼龙的骨头轻型但坚固,所以它们的体重非常轻,化石显示它有长长的尾巴,长度约 20 厘米。沿着脊椎的骨化肌腱,使它的尾巴更为坚挺,这一特征在三叠纪翼龙类中相当普及。蓓天翼龙的第五趾长,缺乏趾爪,其第五趾可以弯曲到与其他趾骨不在同一个水平面。

与其他翼龙的区别

蓓天翼龙的翼相对较小,只有后肢的两倍长,而其他翼龙的翼是后肢长度的三倍以上。蓓天翼龙只有一个尖头,牙齿无特化,这与同属三叠纪意大利翼龙类的真双齿翼龙不同,这些特征显示蓓天翼龙是最原始的翼龙类。

奇趣看台

蓓天翼龙曾被搬上荧幕，它出现在英国1999年的电视节目《与恐龙共舞》和2003年的电视节目《海底霸王》中。

杯椎鱼龙

BEIZHUIYULONG

杯椎鱼龙是中生代海洋里的猛兽，它们的身体细，和今天的海豚很相似。杯椎鱼龙还没有背鳍，尾部像鳗鱼一样扁长，这种长尾巴使它们成为强有力的游泳好手。它们常常在深水区游弋，等待送上门的猎物。

发现化石

杯椎鱼龙的化石在欧洲和美洲均有发现，20 世纪初人们发现了它的一个完整化石。2001 年，在我国贵州关岭的三叠纪晚期地层中发现了两具几乎完整的杯椎鱼龙头骨化石，这是亚洲首次发现的杯椎鱼龙化石。

恐龙大世界 穿越三叠纪

奇趣看台

杯椎鱼龙也像其他种类的鱼龙一样是半胎生动物，鱼龙妈妈把卵产在自己的身体里，等到安全孵化后，才把宝宝生出来。

捕食

杯椎鱼龙的嘴里长有众多小型牙齿，这说明它无法咬住大型猎物，可能以中小型猎物为食。杯椎鱼龙的长尾巴还可以帮助它快速冲进鱼群捕食。成年杯椎鱼龙长期在深海捕食，只有在生产、捕食特定猎物的时候才去浅水地区。

XIUNIYULONG
秀尼鱼龙

秀尼鱼龙是目前发现的最大的鱼龙类,它们生活在三叠纪晚期,其化石在1920年首次发现。直到30年后,人们才将它们的化石挖掘出来,当时共发现了37个非常大的鱼龙化石,后来人们将它们命名为秀尼鱼龙。

外形

秀尼鱼龙的体形相当于现代的游艇大小,它拥有鲸一样的外形,牙齿在长而尖的鼻子末端。依据挖掘的骨骼化石,秀尼鱼龙的体长达到15~20米。

奇趣看台

在喜马拉雅山脉发现的大型鱼龙类喜马拉雅鱼龙，可能跟秀尼鱼龙是同一种动物。

不同种类

第一个发现的秀尼鱼龙种类是通俗秀尼鱼龙，它身长约 15 米，通俗秀尼鱼龙的化石在 1954 年被挖掘。在 19 世纪 90 年代，加拿大卑诗省发现了秀尼鱼龙第二个种类——西卡尼秀尼鱼龙，已证实它们身长达 21 米。

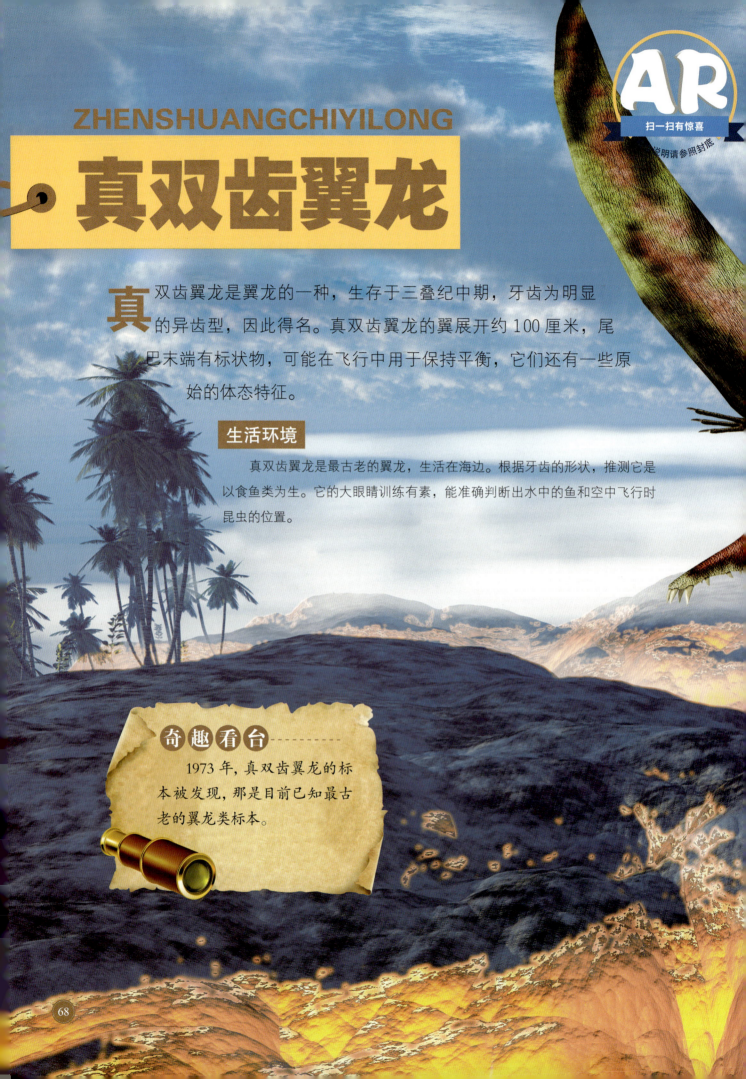

真双齿翼龙

ZHENSHUANGCHIYILONG

真双齿翼龙是翼龙的一种,生存于三叠纪中期,牙齿为明显的异齿型,因此得名。真双齿翼龙的翼展开约100厘米,尾巴末端有标状物,可能在飞行中用于保持平衡,它们还有一些原始的体态特征。

生活环境

真双齿翼龙是最古老的翼龙,生活在海边。根据牙齿的形状,推测它是以食鱼类为生。它的大眼睛训练有素,能准确判断出水中的鱼和空中飞行时昆虫的位置。

奇趣看台

1973年,真双齿翼龙的标本被发现,那是目前已知最古老的翼龙类标本。

恐龙大世界 穿越三叠纪

飞行

像所有会飞的爬行动物一样，真双齿翼龙有着皮膜形成的翅膀，它的翅膀从前后肢之间伸展出来，并且顺着前肢长长的爪子长出，拍动翅膀。真双齿翼龙能在海面上低飞，它的长尾巴在飞行时很可能伸直着以保持身体平衡。

SIWAE
撕蛙鳄

撕蛙鳄属于劳氏鳄目，身长约 6 米，是一种粗壮、巨大的、长度可达 6 米的四足爬行动物。撕蛙鳄已经完全从爬行的姿势进化到直立的姿势，其身体结实而灵敏。和其他劳氏鳄类一样，它的背部也有两排平铺的骨板。

鳞甲

撕蛙鳄的特点是有一系列成对的小骨板连接在每个椎骨的背面，大量的小骨板形成了被称为鳞甲的防御设备。鳞甲呈扁平的叶状，从头后沿脊柱大小逐渐减小，在尾部消失。

步态

像其他的劳氏鳄类一样，撕蛙鳄的身体呈直立的姿势。它的前后肢长度不等，前肢长度约为后肢的 70%，前肢可能有四指，后肢有五趾。

奇趣看台

一些动物的皮下成骨长在腹部,一种叫铁沁鳄的鳄类小骨片甚至长在侧翼和四肢。

牙齿

撕蛙鳄拥有锋利的牙齿,这些牙齿形状和大小不同,为异齿形。牙齿长在细长的前颌骨上,而不是颌骨的后边缘。

三叠纪晚期大灾难

SANDIEJI WANQI DAZAINAN

三叠纪晚期，地球上发生了一次大灾难，在这次灾难中，大量史前生物灭绝。损失最为惨重的是海洋生物。在海洋中，除鱼龙以外的所有海生爬行动物都消失了。陆地上，许多早期恐龙也灭绝了。

灾难原因

关于三叠纪晚期大灾难发生的原因，有不同的说法。2.08亿~2.13亿年前盘古大陆开始分裂，这导致了强烈的火山运动，这是地球大陆形成后最强烈的火山运动了，它可能导致了生物灭绝。其他可能的原因还有全球性的气候冷却或陨石撞击地球。

恐龙大世界　穿越三叠纪

影响

虽然一些早期恐龙在三叠纪大灾难中灭绝了，但这却为新的恐龙种类的发展提供了巨大的机会。从侏罗纪开始，恐龙全面繁盛，最终成为地球上最主要的、种类最多和数量最大的动物群。

奇趣看台

在三叠纪晚期的大灾难中，一些地方几乎完全没有受到影响。

恐龙大世界

穿越三叠纪
CHUANYUE SANDIEJI

KONGLONG DASHIJIE